Vorwort

Das Buch handelt von den wichtigsten Klimaschutzzielen und -verträgen.

Angefangen mit dem Kyoto Protokoll und Pariser Abkommen bis hin zum Green Deal sowie den nationalen Klimaschutzzielen in Deutschland.

Darüber hinaus gehe ich darauf ein, mit welchen Mitteln es möglich wäre, aktuell noch das 2 Grad respektive 1,5 Grad Ziel zu erreichen und was genau dazu nötig ist. Veranschaulichen werde ich dies mit entsprechenden Grafiken und spezifischen Erläuterungen.

Nun zu meiner Person:

Ich studiere Maschinenbau mit dem Schwerpunkt Energie- und Umweltmanagement und befasse mich in meinem nun letzten Fachsemester mit etwaigen Modulen wie dem Klimaschutzmanagement, worunter die im Buch beschriebenen Verträge ebenfalls zählen.

Gliederung

1. Klimarahmenkonvention UNFCCC (1992)
2. Kyoto Protokoll (COP 3, 1997)
3. Kyoto Protokoll II
4. Pariser Abkommen (COP 21, 2015)
5. Ziele und Programme in der EU
6. Klimaschutzziele BRD

Die wichtigsten Klimaschutzziele und -verträge im Überblick

1. <u>**Klimarahmenkonvention UNFCCC**</u>

1992 wurde die **Klimarahmenkonvention UNFCCC** (United Nations Framework Convention on Climate Change) in Rio de Janeiro im Rahmen der UNCED („Konferenz der Vereinten Nationen für Umwelt und Entwicklung") unterzeichnet und trat 2 Jahre später in Kraft. Bis zum heutigen Zeitpunkt haben 197 Vertragsparteien inklusive der EU diese Klimarahmenkonvention ratifiziert bzw. akzeptiert und somit die völkerrechtliche Komponente für einen weltweiten Klimaschutz geschaffen.

Hervorzuhebende Ziele sind hierbei unter anderem, die Treibhausgaskonzentrationen auf einem Niveau zu halten, bei dem eine **anthropogene** - also eine vom Menschen verursachte - Störung des Klimasystems **verhindert** wird. Und zwar soll dies in einem Zeitraum vonstattengehen, in dem es für Ökosysteme möglich ist, sich auf natürliche Weise an die Klimaänderungen anzupassen   (siehe Artikel 2, UNFCCC). Ebenso sollten Klimaschutzmaßnahmen gemäß der jeweiligen Möglichkeiten umzusetzen sein. Mit der Klimarahmenkonvention werden weltweite Klimaänderungen als ernstes Problem angesehen und die internationale Staatengemeinschaft verpflichtet sich zum Handeln.

Die Vertragsstaaten treffen sich jährlich zu Konferenzen, sogenannten **Conferences of the Parties (COP)**. Das weitestgehende Ziel ist hierbei, den Schutz des Klimas zu verbessern. An den einzelnen Beschlüssen der COP´s wird dies sichtbar:

Kyoto, Japan (COP 3, 1997), Marrakesch, Marokko (COP 7, 2001), Montreal, Kanada (COP 11, 2005), Bali, Indonesien (COP 13, 2007), Kopenhagen, Dänemark (COP 15, 2009), Doha, Katar (COP 18, 2012), Paris, Frankreich (COP 21, 2015)

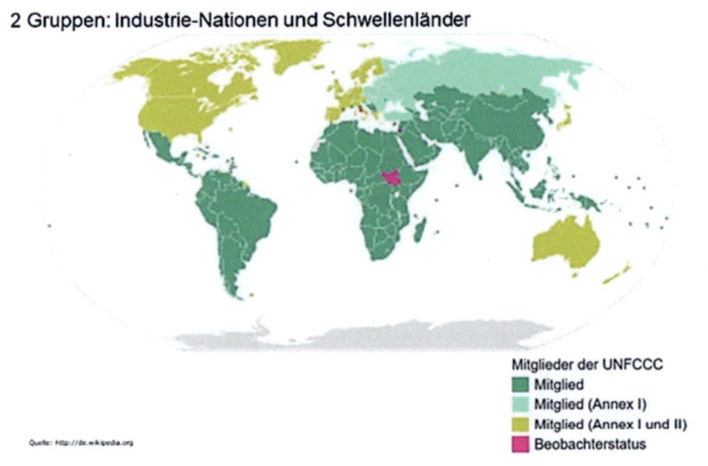

Übersicht des Mitgliedsstatus jeweiliger Länder

Zu dem Zeitpunkt, wo Staaten die Klimarahmenkonvention unterzeichnet haben, haben sich diese ebenfalls dazu verpflichtet, in regelmäßigen Abständen über ihre Treibhausgasemissionen zu berichten und entsprechend Klimaschutzmaßnahmen umzusetzen. Das Prinzip der „**gemeinsamen, aber unterschiedlichen Verantwortlichkeiten und jeweiligen Fähigkeiten**" ist hierbei essentiell. Dies bedeutet, dass sich jedes Land betrachtend ihrer jeweiligen Verursachungsbeiträge und Fähigkeiten beteiligen. Auf dem Prinzip basierend wird die Konvention in zwei Ländergruppen unterteilt; den Industrie- sowie Entwicklungsländern.

Die oben zu sehende Grafik anschauend, sind die Industrieländer dem Annex I zuzuordnen. Für diese Staaten sind weiterreichende, wenn auch nicht verbindliche Verpflichtungen vereinbart. Beispielsweise betrifft dies die Berichterstattung, die Umsetzung von Klimaschutzmaßnahmen sowie die finanzielle (für wohlhabendere Industrieländer) und sonstige Unterstützung von Maßnahmen in Entwicklungsländern. Zu den Annex I Staaten sind als **Hauptproduzenten** der klimaschädlichen Treibhausgase vor allem die OECD-Staaten im Jahr 1990 anzusehen. Darunter ebenfalls die Staaten der Europäischen Union.

Die Annex II Staaten haben sich zu besonderen **Unterstützungsleistungen** für Entwicklungsländer verpflichtet. Sie übernehmen die jeweiligen Kosten für das Berichtswesen und fördern den Zugang der Entwicklungsländer zu umweltverträglichen Technologien.

Entwicklungsländer, worunter auch Schwellenländer wie Brasilien, China und Indien fallen, wurden von einer Reduktion ihrer Emissionen freigestellt. Somit wurde den Industrieländern entsprechend eine **führende Rolle** bei der Treibhausgasminderung übertragen.

2. <u>Kyoto Protokoll (COP 3 Kyoto 1997)</u>

Angefangen mit dem, Ihnen bestimmt bereits bekannt vorkommenden, Kyoto Protokoll. Dieses wurde im Jahr 1997 beschlossen. Darin haben sich Industriestaaten dazu verpflichtet, ihre **Treibhausgasemissionen** um bestimmte, **festgelegte Beträge** gegenüber dem Basisjahr 1990 zu **verringern**. Anzumerken ist, dass Entwicklungsländer im Kyoto Protokoll aufgrund ihres damals eher geringeren Ausstoßes noch keine Minderungsverpflichtungen übernommen haben.

Auf der dritten Folgekonferenz zur UNFCCC 1997 in Kyoto, Japan (COP 3) erfolgte die Verabschiedung des Kyoto Protokolls als Zusatz zur Klimarahmenkonvention. Erstmals wurden rechtsverbindliche Minderungsverpflichtungen für Industrieländer vereinbart. Dabei verpflichteten sich die im Anhang B der Protokolls stehenden Industrieländer, ihre Treibhausgasemissionen in der ersten Verpflichtungsperiode (2008-2012) um durchschnittlich 5,2% unter das Niveau des zuvor genannten Basisjahres zu senken. Die Verpflichtungen sind auf folgende Treibhausgase anzuwenden:

CO2 , CH4 , HFCs, PFCs, N2O, SF6 (Anhang A Kyoto Protokoll)

Die Vorgaben waren abhängig von der jeweiligen wirtschaftlichen Entwicklung. Die zum Zeitpunkt der

Unterzeichnung 15 Mitgliedstaaten der Europäischen Union (EU-15) mussten eine Treibhausgassenkung von insgesamt 8% durchführen. Diese teilten jedoch das durchschnittliche Reduktionsziel nach dem Prinzip der Lastenteilung („**burden sharing**") untereinander auf. Deutschland verpflichtete sich hierbei zu einer Verringerung um 21%, Großbritannien um 12,5%, Frankreich zu einer Stabilisierung auf dem Basisjahr und Spanien dazu, sein Emissionswachstum auf 15% zu begrenzen.

Das Protokoll wurde von 191 Staaten ratifiziert, darunter alle EU-Mitgliedstaaten sowie wichtige Schwellenländer wie Brasilien, China, Indien und Südafrika. Bis heute haben die USA das Kyoto Protokoll nicht ratifiziert. Kanada ist 2013 ausgetreten.

Stand der Unterzeichnung und Ratifikation

In Kraft treten sollte das Protokoll, sobald mindestens 55 Staaten, die summiert mehr als 55% der Co2 Emissionen des Basisjahres 1990 verursachten, das Abkommen ratifiziert haben. An dieser Bedingung scheiterte das Inkrafttreten lange Zeit. Denn große Emittenten wie die USA verweigerten den Eintritt. Erst nach Ratifizierung durch die russische Duma am 05.11.2004 konnte das Kyoto Protokoll am 16.02.2005 in Kraft treten.

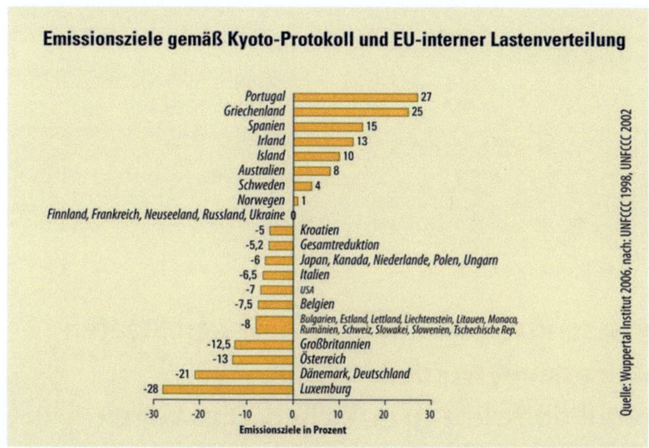

Emissionsziele gemäß Kyoto Protokoll

36 Staaten hielten ihre Ziele betrachtend der Verpflichtungsperiode (2008-2012) ein. In neun Staaten, darunter beispielsweise Dänemark und Island, wurden zwar mehr Treibhausgase ausgestoßen jedoch durch

flexible Mechanismen wieder ausgeglichen. **Deutschland** hat sein **Ziel** deutlich **übererfüllt** (siehe Grafik). Insgesamt reduzierten die Staaten ihre Emissionen um 2,4 Mrd. t CO_{2e} pro Jahr mehr als geplant. Die Gründe sind nicht nur auf die Klimaschutzpolitik zurückzuführen, sondern höchstwahrscheinlich auch auf andere Parameter wie überschüssige Emissionsrechte infolge der Finanzkrise ab 2007.

Land	Ziel	erreicht
Deutschland	- 21 %	- 24,3 %
Belgien	- 8 %	- 13,9 %
Luxemburg	- 28 %	- 9,3 %
Niederlande	- 6 %	- 6,2 %
Österreich	- 13 %	3,2 %
Schweiz	- 8 %	- 3,9 %
Spanien	15 %	20,5 %
Schweden	4 %	- 18,2 %
Frankreich	0	- 10,5 %
Italien	- 6 %	- 7 %
Tschechien	- 8 %	- 30,6 %

Tatsächlich erreichte Emissionsziele

Zusammenfassend ist anzumerken, dass den Staaten einige Punkte erlaubt wurden, um ihre Emissionsreduktionsziele zu erreichen. Dies wären **folgende**:

Den Staaten ist es erlaubt, einen Teil der Reduktionen im Ausland zu erbringen, als Industrieländer untereinander mit Emissionsrechten zu handeln, Klimaprojekte in einem Entwicklungsland für sich gutzuschreiben sowie sich Klimaschutzprojekte, die in einem anderen Industrieland finanziert werden, anzurechnen.

3. **<u>Das Kyoto Protokoll II</u>**

Die Entscheidung über die Reduktionsbeiträge und die
Dauer der zweiten Verpflichtungsperiode wurde auf der
UN-Klimaschutzkonferenz 2012 in Doha verfasst. Es
wurde sich auf eine **Fortführung des Kyoto Protokolls**
bis 2020 geeinigt.

38 Staaten haben Emissionsminderungen zugesagt, die
in etwa 18% betragen würden. Darunter zählen
Australien, die 27 EU-Länder sowie weitere europäische
Staaten, die für ungefähr 11 bis 13% des weltweiten CO_2
Ausstoßes verantwortlich sind. Russland, Kanada, Japan
und Neuseeland treten aus. Und vier Staaten sind
hinzugekommen; und zwar Zypern, Malte, Weißrussland
und Kasachstan. Ebenfalls wurde Stickstofftrifluorid
(NF3) in die Liste der reglementierten Treibhausgase
aufgenommen.

Neben der Klimaziele sind im Folgevertrag Kyoto II
Neuerungen festgehalten. Wie beispielsweise den
Anpassungsfonds, welcher den Ländern des Südens
Geld zur Verfügung stellt, damit sie sich an die Folgen
der Erderwärmung anpassen können.

Die **Doha Änderungen**, also die zweite
Verpflichtungsperiode, tritt erst in Kraft, sobald sie von
144 Mitgliedsstaaten ratifiziert wurde. Stand November
2017 haben lediglich <u>110</u> Staaten diese akzeptiert. Die

Europäische Union hat die Änderungen bisher **noch nicht akzeptiert**.

4. **<u>Pariser Abkommen (COP 21 Paris)</u>**

Beim 21. UNO-Klimagipfel in Paris wurde das erste internationale Abkommen zum Klimaschutz von 196 Ländern angenommen. Diese sah eine völkerrechtlich verbindliche Einigung vor, die Erderwärmung auf deutlich **unter 2 Grad Celsius** gegenüber dem vorindustriellen Niveau zu **begrenzen**. In der zweiten Hälfte des Jahrhunderts soll ein Gleichgewicht zwischen Treibhausgasemissionen und deren Abbau durch Senken erreicht werden („**Treibhausgasneutralität**"). Es wurde eine „2 Grad Obergrenze" festgelegt. Darunter ist eine aus der Wissenschaft begründete und politische festgelegte Schwelle zu verstehen, bei deren Überschreitung gefährliche und **nicht mehr tragbare Kipppunkte** für Mensch und Umwelt angenommen werden müssen. Beispiele hierfür sind die Destabilisierung von Eisschilden, die einen starken und irreversiblen Meeresspiegelanstieg zur Folge hätten, oder die Freisetzung großer Treibhausgasmengen in der Arktis oder dem Amazonasgebiet, die anschließend wiederum die globale Erwärmung verstärken würden.

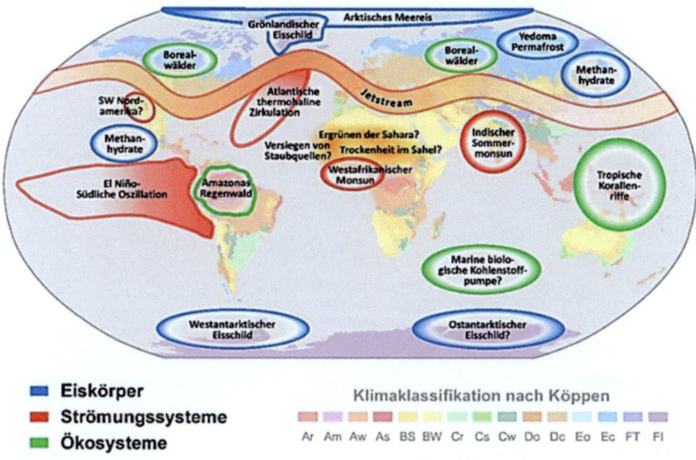

Kipppunkte von Eiskörper, Strömungssystem und Ökosystem

Das Abkommen muss von den einzelnen Staaten ratifiziert werden. Es tritt 30 Tage nach der Ratifizierung durch mindestens 55 Staaten, die mindestens 55 Prozent der globalen Treibhausgasemissionen ausmachen, in Kraft. Diese beiden Bedingungen wurden mit der Ratifizierung durch die Europäische Union und sieben ihrer Mitgliedstaaten, darunter Deutschland, am 05.10.2016 erfüllt. Damit ist das Abkommen am 04.11.2016 **formell in Kraft** getreten.

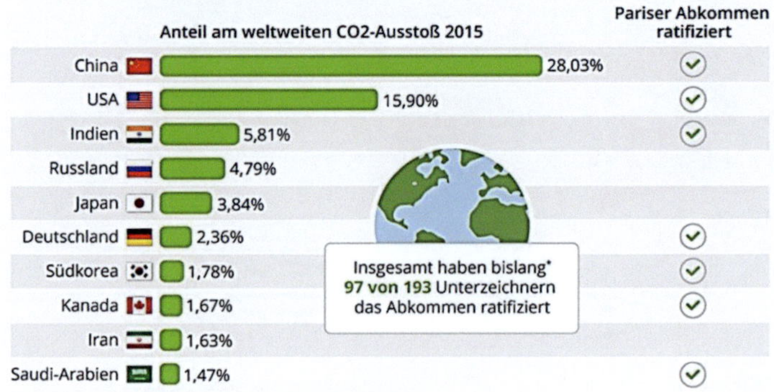

97 Länder haben Abkommen ratifiziert; es tritt in Kraft

Die Staaten legen ihre Klimaschutzbeiträge zur Erreichung der Ziele selbständig fest. Ab 2020 sind alle 5 Jahre **nationale Klimaschutzpläne** vorzulegen, die der **Erfüllung des Langfristziels** dienen. Ebenfalls findet alle 5 Jahre eine globale Bestandsaufnahme statt, um die Erfüllung der Ziele sicherzustellen. Nationale Klimaschutzbeiträge müssen ab 2025 alle 5 Jahre fortgeschrieben und gesteigert werden („**Ambitionsmechanismus**"). Letztlich werden die Staaten bis 2020 dazu aufgefordert, Langfriststrategien für eine treibhausgasarme Entwicklung vorzulegen.

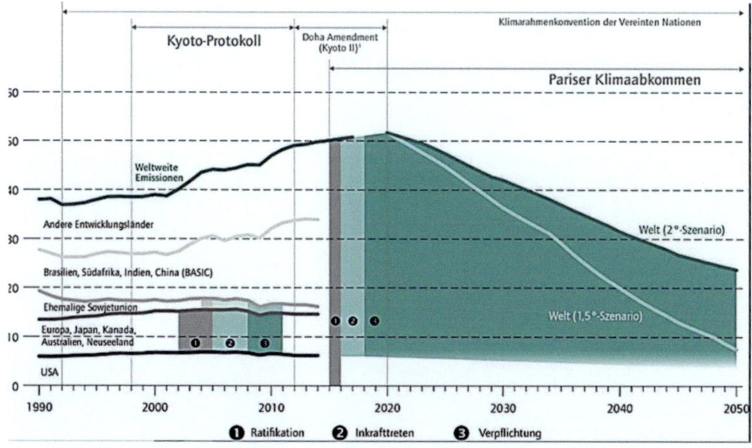

Verschiedene Szenarien mit unterschiedlichen Grad Zielen

Das Pariser Abkommen bezieht **alle Staaten gleichermaßen** ein. Somit wird die davor zugrunde liegende **Zweiteilung** der Industrie- mit den Schwellen- und Entwicklungsländer **aufgebrochen**. Es unterstreicht zudem die gemeinsamen, aber doch unterschiedlichen Verantwortlichkeiten. Dabei werden je nach Thema für die Staaten unterschiedliche Pflichten festgelegt. Entwicklungsländer werden bei der Emissionsminderung und Anpassung an den Klimawandel von den Industrieländern durch Technologieentwicklung und -transfer, durch Kapazitätsaufbau sowie durch finanzielle Hilfe unterstützt. Besonders hervorzuheben ist, dass sich die Industrieländer in der Pflicht sehen, die **Entwicklungsländer** beim Klimaschutz und der Anpassung an den Klimawandel zu **unterstützen**. Es soll den ärmsten und verwundbarsten Ländern dabei helfen, Schäden und Verluste durch den Klimawandel zu bewältigen. Ob und wie sehr ein Land verwundbar ist, kann mithilfe einer Vulnerabilitätsanalyse festgestellt werden.

Maßgebende Ziele des Abkommens

Erkenntnisse zur notwendigen Reduktion der Treibhausgasemissionen gibt der als „Weltklimarat" bezeichnete Zwischenstaatliche Ausschuss für Klimaänderungen (Intergovernmental Panel on Climate Change, IPCC) vor. Da die globale Erwärmung seit Beginn der Industrialisierung (etwa 1850) um ca. 1,2 Grad Celsius, bezugnehmend zum Jahr 2018, gestiegen ist, verbleiben theoretisch noch 0,8 Grad, um das „Zwei Grad Ziel" zu erreichen. Technisch ist das Ziel mit **derzeitigen Technologien erreichbar**.

Es dürfte jedoch jedem klar sein, dass je länger der Klimaschutz hinausgezögert wird, desto größer auch die menschen- und wirtschaftsgebundenen **Kosten** sein werden, und es müssten zudem mehr risikobehaftete Technologien eingesetzt werden. In Anbetracht der momentanen Entwicklung (steigender Energiebedarf, schleppende Umsetzung der Reduktionsverpflichtungen) kommen ernsthafte **Zweifel** auf, ob das Ziel überhaupt politisch erreichbar ist.

Bei einer konsequenten Klimaschutzpolitik ist hingegen auch die Begrenzung auf **1,5 Grad Celsius** Erwärmung noch **möglich**. Prämisse ist hierfür das Zurückfahren der Nettotreibhausgasemissionen auf Null. Es müssten zudem Technologien (bspw. Carbon-Capture-and-Storage-Technologien, CCS) entwickelt und eingesetzt werden, um einen Teil des vorher zu viel ausgestoßenen Kohlenstoffdioxids wieder künstlich aus der Erdatmosphäre zu entfernen.

Das Treibhausgasemmisionsbudget sieht wie folgt aus:

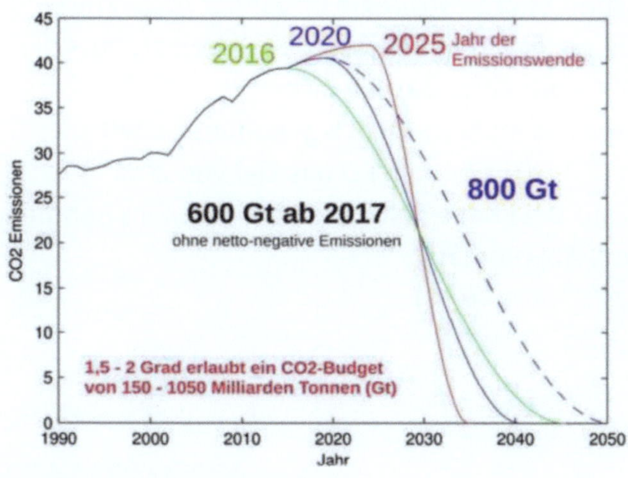

Treibhausgasemissionsbudget

5. <u>Ziele und Programme in der EU</u>

Den Ausgangspunkt der EU-Klimapolitik stellt das **Europäische Programm für den Klimaschutz** (ECCP,2020) dar. Dort wird die Umsetzung der im Rahmen des Kyoto Protokolls 1997 eingegangenen Verpflichtungen geregelt. Für die Europäische Union (EU-15) war eine Senkung der Emissionen um insgesamt 8% vorgesehen. Mit Ende des Jahres 2012 wurden 18% weniger Treibhausgase ausgestoßen als im Basisjahr 1990. Damit wurde das **Ziel** deutlich **übertroffen**.

Seither hat sich die EU-Klimapolitik immer weiter ausdifferenziert und die Zahl der klimapolitischen Aktionsfelder wurde stetig ausgeweitet. Ein besonderer Schub wurde durch die erstmalige Verabschiedung einer **europäischen Energiestrategie** im Januar respektive März 2007 erzielt. In diesem wurde festgelegt, dass die EU bis 2020 eine Verringerung ihres Treibhausgasausstoßes um 20% gegenüber 1990 erreichen will. 2011 hat die EU das Ziel von 20% ebenfalls auf UN Ebene festschreiben lassen im Rahmen des Kyoto II Abkommens.

Das **Klima- und Energiepaket 2020** wurde 2007 beschlossen und Rechtsvorschriften sind 2009 erlassen worden. Die drei wichtigsten Ziele sind folgende:

- Senkung der Treibhausgasemissionen um 20% gegenüber 1990
- 20% der Energie in der EU aus erneuerbaren Energien
- Verbesserung der Energieeffizienz um 20%

Bezogen auf die Steigerung des Anteils der Energie aus erneuerbaren Quellen haben die EU Länder verbindliche nationale Ziele im Rahmen der „Richtlinie über Energie aus erneuerbaren Quellen" festgelegt.

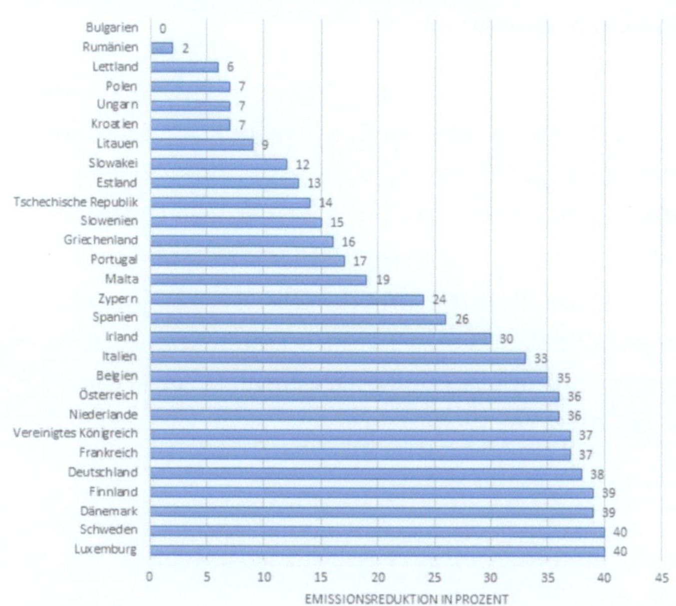

Lastenteilungsentscheidung

In der obigen Grafik abgebildet ist die sogenannte **Lastenteilungsentscheidung** (Bestandteil des EU Rahmens für die Klima- und Energiepolitik bis 2020). In der Entscheidung werden nationale Emissionsziele für 2020 festgelegt, die als prozentuale Veränderungen gegenüber dem Stand von 2005 ausgedrückt werden.

Die nationalen Ziele basieren auf dem relativen Wohlstand der Mitgliedstaaten, der durch das Bruttoinlandsprodukts (BIP) pro Kopf ermittelt wird. Die nationalen Emissionsziele für 2020 reichen von einer Reduktion um 20% bis 2020 gegenüber 2005 für die wohlhabendsten Mitgliedstaaten bis hin zu einem Anstieg um 20% für den am wenigsten wohlhabenden Mitgliedsstaat, Bulgarien.

Verbindliche nationale Jahresziele zur Reduzierung der Treibhausgasemissionen durch die Mitgliedstaaten im Zeitraum 2021–2030 für die nicht unter das Emissionshandelssystem fallenden Sektoren (Verkehr, Gebäude, Landwirtschaft, Abfälle, Landnutzung und Forstwirtschaft). Reduzierung der Emissionen im Jahr 2030 gegenüber 2005 von 38 % für Deutschland, 37 % für Frankreich und Vereinigtes Königreich, 33 % für Italien und 26 % für Spanien vor.

Am 28. November 2018 veröffentlichte die Europäische Kommission eine Strategie, damit Europa als erste Volkswirtschaft der Welt bis 2050 klimaneutral wird, den **Green Deal**. Die Kommission spricht sich für eine **vollständige Dekarbonisierung** aus. Die EU will künftig 25 % ihres Budgets für Klimaschutzmaßnahmen zur Verfügung stellen. Die Kommission schätzt den Bedarf an zusätzlichen Investitionen auf 175 bis 290 Milliarden Euro jährlich. Durch die sinkende Abhängigkeit von importiertem Öl oder Gas könnte die EU aber zugleich viel Geld einsparen: Derzeit zahlen die Europäer laut Kommission 266 Milliarden Euro pro Jahr an ihre Energielieferanten, rund 70 Prozent davon könnten eingespart werden. Überdies könnten die Kosten der durch Luftverschmutzung verursachten Gesundheitsschäden um mehr als 200 Milliarden Euro pro Jahr gesenkt werden.

Auf dem EU-Gipfel vom Juni 2019 wurde zunächst keine Einigung für eine Verpflichtung zur Klimaneutralität bis 2050 erreicht, da sich vor allem Polen, aber auch Ungarn, Tschechien und Estland dagegen stellten. Ein entsprechendes Gesetz (**Europäisches Klimagesetz**) stellte die EU-Kommission am 4. März 2020 vor. Weiterhin sollen besonders betroffene Länder mit insgesamt 100 Milliarden Euro bei der Umstellung auf eine emissionsfreie Wirtschaft unterstützt werden. Auch der zweite Aktionsplan für die Kreislaufwirtschaft wurde im März 2020 präsentiert. Am 17. September 2020 dann verschärfte die EU-Kommission das zunächst vorgesehene Reduktionsziel auf 55 % der Treibhausgasemissionen von 1990. Das Europäische Parlament forderte am 6. Oktober 2020 eine weitere Verschärfung auf 60 % Reduktion bis 2030 sowie die Schaffung eines unabhängigen, interdisziplinär zusammengesetzten Wissenschaftlerbeirats zu Klimawandelfragen. Am 21. April 2021 einigte sich das Europaparlament und der Europäische Rat vorläufig über das **europäische Klimaschutzgesetz**, das im Sommer 2021 förmlich angenommen wurde.

Am 14. Juli 2021 stellt die Europäische Kommission unter der Bezeichnung „**Fit for 55**" ein erstes Paket von reformierten und neuen EU Richtlinien und - Verordnungen vor, mit denen die im European Green Deal verankerte Ziele erreicht werden sollen.

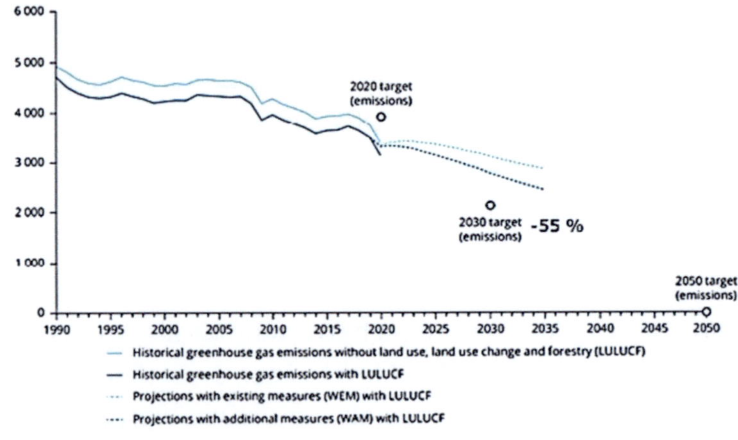

Bis 2050 Treibhausgasneutralität

Das Ziel der Verringerung der Treibhausgasemissionen um 20 Prozent bis 2020 gegenüber dem Stand von 1990 wird erreicht. Im Jahr 2020 war die Menge der Treibhausgasemissionen in der EU bereits um 31 Prozent gegenüber dem Stand von 1990 gesunken. Nach den neuesten Prognosen der Mitgliedstaaten auf Grundlage der laufenden Maßnahmen bleibt die EU auf dem Weg, ihr Ziel zu erreichen.

<u>**Hauptpunkte des Green Deal:**</u>

Verschärfung des bestehenden EU-Emissionshandelssystem

• Der EU-Emissionshandel gibt Treibhausgasen einen Preis. Das betrifft bislang Energieunternehmen und energieintensive Industrie sowie Teile des Luftverkehrs. Auch bislang wurden die Obergrenzen für die Gesamtemissionen einzelner Wirtschaftszweige jedes Jahr gesenkt. Zukünftig soll jährlich noch stärker gekürzt werden. Bislang erhält der Luftverkehr kostenlose Emissionszertifikate. Diese sollen schrittweise abgeschafft werden und mit dem internationalen System zur Verrechnung und Reduzierung von Kohlenstoffdioxid für die internationale Luftfahrt (CORSIA) gleichziehen. Auch die Schifffahrt soll zukünftig mit in den Emissionshandel einbezogen werden.

Ausweitung des Emissionshandels auf Verkehr und Gebäude

• Auch im Verkehr und bei Gebäuden müssen mehr Treibhausgase eingespart werden. Die EU-Kommission will deshalb ab 2026 einen gesonderten Emissionshandel für den Treibhausgasausstoß des Straßenverkehrs und von Gebäuden einführen. Die CO_2- Zertifikate sollen dann – wie beim jetzigen europäischen Emissionshandel - frei am Markt gehandelt werden.

CO2-Grenzwerte für Pkw und leichte Nutzfahrzeuge

• Eine Kombination von Maßnahmen soll die zunehmenden Emissionen aus dem Straßenverkehr senken. Neben dem neuen Emissionshandel für Verkehr schlägt die Kommission strengere CO2-Emissionsnormen für Pkw und leichte Nutzfahrzeuge vor. Sie sollen den Übergang zur treibhausgasfreien Mobilität beschleunigen. Konkret sollen die durchschnittlichen jährlichen Emissionen neuer Fahrzeuge ab 2030 um 55 Prozent und ab 2035 um volle 100 Prozent niedriger sein als 2021. Das bedeutet: Alle ab 2035 zugelassenen Neuwagen müssen emissionsfrei sein

Ausbau Ladeinfrastruktur

• Parallel zu den sinkenden Emissionswerten der Fahrzeuge, sollen die Mitgliedstaaten Tank und Ladestationen an den großen Verkehrsstraßen alle 60 Kilometer für Elektroautos und alle 150 Kilometer für Wasserstofffahrzeuge errichten, damit die neue Mobilität funktioniert. Das sieht die überarbeitete Verordnung über Infrastruktur für alternative Kraftstoffe ebenso vor wie den Zugang zu sauberem Strom in großen Häfen und Flughäfen für Flugzeuge und Schiffe. Im Rahmen der Initiative „ReFuelEU Aviation" sollen Kraftstoffanbieter an Flughäfen in der EU dem Turbinenkraftstoff nach und nach mehr nachhaltige Flugkraftstoffe beimischen.

CO2-Grenzsteuer auf Importe

• Für bestimmte Importe schlägt die EU-Kommission einen neuen CO2-Preis vor. Er soll als CO2-Grenzausgleich dafür sorgen, dass die ehrgeizige Klimapolitik in Europa nicht zu einer Verlagerung von CO2-Emissionen in andere Länder führt und europäische Unternehmen wettbewerbsfähig bleiben. Zudem soll die Abgabe Unternehmen in Ländern außerhalb der EU dazu motivieren, Schritte in dieselbe Richtung zu unternehmen.

Finanzierung der Klimaschutzmaßnahmen und sozialer Ausgleich

• Die EU-Kommission schlägt vor, dass die Mitgliedstaaten die Gesamtheit ihrer Einnahmen aus dem Emissionshandel für klima- und energiebezogene Projekte bereitstellen. Davon soll ein Teil aus dem neuen Emissionshandel für den Verkehr und Gebäude einem Ausgleich für sozial schwächere Privathaushalte, Kleinstunternehmen und Verkehrsteilnehmer in einem Sozialfonds zu Gute kommen.

Nationale Treibhausgasminderungsziele und Landschaftsschutz

• Die EU weist über die Lastenteilungsverordnung (Effort-Sharing) den Mitgliedstaaten Minderungsziele für Gebäude, Verkehr, Landwirtschaft sowie Abfallwirtschaft und kleine Unternehmen zu. Hier soll den Nationen zukünftig neue strengere Ziele zugewiesen werden. Die EU-Kommission berechnet diese neuen Ziele auf Grundlage des Pro-Kopf Brutto-Inlandsprodukt der Staaten und berücksichtigt die individuellen Ausgangssituationen und Kapazitäten.

Moore, Wälder und andere Naturflächen speichern als Senken CO2 aus der Atmosphäre

• Deshalb sieht der Kommissionsvorschlag ein Gesamtziel auch für den Abbau von CO2 durch solche Senken bis 2030 vor. Das ist in der Verordnung über Landnutzung, Forstwirtschaft festgelegt. So sollen 310 Millionen Tonnen CO2-Emissionen bis 2030 in den Senken aufgenommen werden. Auch hierfür gibt es nationale Zielvorgaben für jeden Mitgliedsstaat. Flankiert wird dies durch die EU-Waldstrategie, die unter anderem den Plan beinhaltet, bis 2030 drei Milliarden Bäume in Europa zu pflanzen.

Ausbau erneuerbarer Energien

• Drei Viertel der Emissionen entstehen bei der Produktion sowie dem Verbrauch von Energie. Es ist deshalb wichtig, schnell ein umweltfreundlicheres

Energiesystem zu schaffen. Die Kommission schlägt
daher ein neues Ziel von 40 Prozent für erneuerbare
Energien bis zum Jahr 2030 vor und schreibt dies in der
Richtlinie über erneuerbare Energien mit weiteren
Details fest.

Steigerung der Energieeffizienz

• Für einen geringeren Energieverbrauch, weniger
Emissionen und im Kampf gegen Energiearmut, schlägt
die Kommission in der Energieeffizienz-Richtlinie ein
höheres Einsparungs-Jahresziel für den
Energieverbrauch auf EU-Ebene vor.

6. <u>Klimaschutzziele BRD:</u>

Entsprechend der Koalitionsvereinbarung sollen bis 2020 die **Treibhausgasemissionen** um 40% und entsprechend der Zielformulierung der Industriestaaten bis 2050 um mindestens 80% – jeweils gegenüber 1990 – reduziert werden. Dies bedeutet folgenden Entwicklungspfad bei der Minderung der Treibhausgasemission: minus 55% bis 2030, minus 70% bis 2040, minus 80% bis 95% bis 2050.

Bis 2020 soll der Anteil der **erneuerbarer Energien** am Bruttoendenergieverbrauch 18% betragen. Danach strebt die Bundesregierung folgende Entwicklung des Anteils erneuerbarer Energien am Bruttoendenergieverbrauch an: 30% bis 2030, 45% bis 2040, 60% bis 2050.

Bis 2020 soll der Anteil der **Stromerzeugung** aus erneuerbaren Energien am Bruttostromverbrauch 35% betragen.

Die **Sanierungsrate** für Gebäude soll von derzeit jährlich weniger als 1% auf 2% des gesamten Gebäudebestands verdoppelt werden. Im Verkehrsbereich soll der Endenergieverbrauch bis 2020 um rund 10% und bis 2050 um rund 40% gegenüber 2005 zurückgehen.

2021: Änderung Klimaschutzgesetz

29.04.2021: Urteil Bundesverfassungsgericht:
Ziele von 2019 sind verfassungswidrig, Vorgaben für die
Emissionsminderung ab 2031 fehlen

$\Rightarrow$ 18.08.2021: 1. Änderung des Bundes-Klimaschutzgesetzes
Zielpfad für die Minderung der Treibhausgasemissionen
gegenüber 1990 wird verschärft [1]:
- bis 2030 Reduktion um mindestens 65 %
  bis 2040 um mindestens 88 %
- bis 2045 Erreichung von Netto-Treibhausgasneutralität
- nach 2050 negative Treibhausgasemissionen

Treibhausgas Minderung um:	2030	2040	2045	2050
	65%	88%	100%	100+%
			Netto-Neutralität	Negative THG-Emissionen

Aktuelles Klimaschutzgesetz